解密**经典**兵器

神勇战士——

大威力
手枪

★★★★★★ 崔钟雷 主编

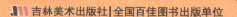

吉林美术出版社 | 全国百佳图书出版单位

前言

　　世界上每一个人都知道兵器的巨大影响力。战争年代，它们是冲锋陷阵的勇士；和平年代，它们是巩固国防的英雄。而在很多小军迷的心中，兵器是永恒的话题，他们都希望自己能成为兵器的小行家。

　　为了让更多的孩子了解兵器知识，我们精心编辑了这套《解密经典兵器》丛书，通过精美的图片为小读者还原兵器的真实面貌，同时以轻松而严谨的文字让小读者在快乐的阅读中掌握兵器常识。

编　者

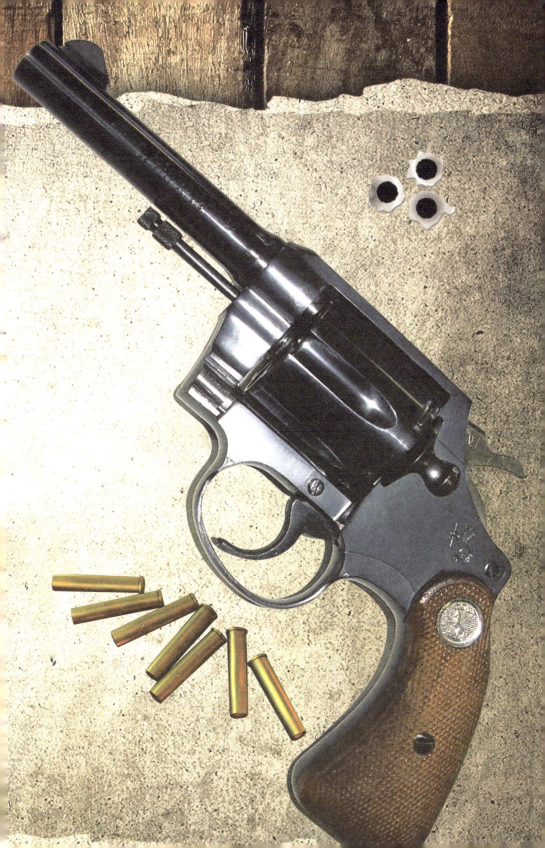

目录
MULU

第一章 美国大威力手枪

第二章 德国大威力手枪

第三章 意大利大威力手枪

第四章 其他国家大威力手枪

第一章
美国大威力手枪

柯尔特转轮手枪

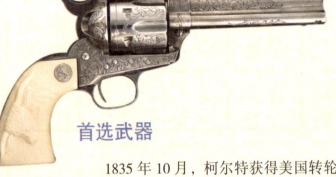

首选武器

　　1835 年 10 月，柯尔特获得美国转轮手枪的研制专利。1836 年，他创办了柯尔特枪械公司，生产出了第一支转轮手枪。从此，柯尔特公司的转轮手枪风靡世界，成为"西部牛仔"时代的手枪首选。

美观实用

　　柯尔特转轮手枪外表美观，在扳机护圈前方和握把处刻有花纹，便于射手在射击时握持和瞄准。

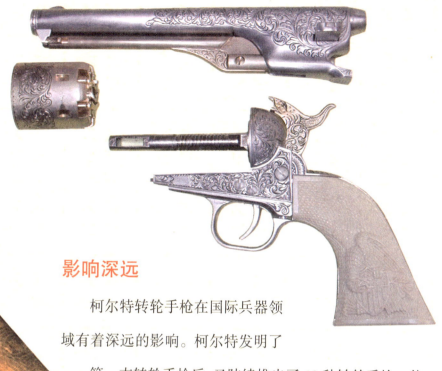

影响深远

柯尔特转轮手枪在国际兵器领域有着深远的影响。柯尔特发明了第一支转轮手枪后,又陆续推出了 12 种转轮手枪。他所设计的柯尔特 M1847 型转轮手枪被美国政府大量采购,柯尔特公司也一举成为世界知名的手枪生产企业。

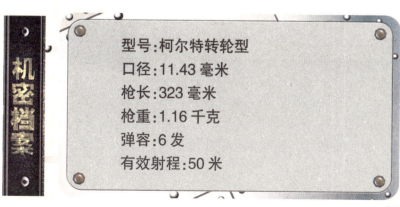

机密档案

型号:柯尔特转轮型
口径:11.43 毫米
枪长:323 毫米
枪重:1.16 千克
弹容:6 发
有效射程:50 米

柯尔特警用型转轮手枪

深受喜爱

柯尔特警用型转轮手枪诞生于 1905 年，由美国早期的袖珍型转轮手枪演变而来。这款转轮手枪采用简单的复古设计，枪管较粗，发射威力较大的马格南子弹，采用固定式照门，深受广大枪械爱好者喜爱。

影响深远

柯尔特警用型手枪及其改进型转轮手枪的生产一直持续到 20 世纪 60 年代，足见这一枪族的独特魅力。柯尔特警用型手枪的一些设计思路，至今仍影响着手枪的设计。

性能卓越

　　柯尔特警用型转轮手枪威力较大,安全可靠,它融合了大多数柯尔特手枪的优点,采用了摆出式转轮和可靠的闭锁系统,击锤处于全待击状态时才能发射枪弹。

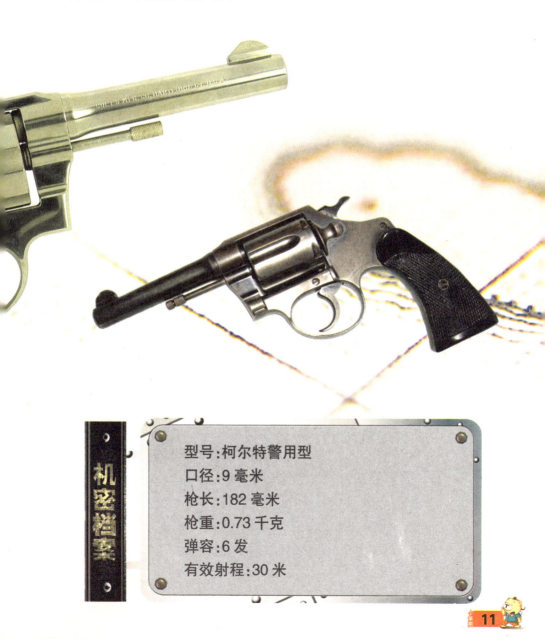

机密档案

型号:柯尔特警用型

口径:9 毫米

枪长:182 毫米

枪重:0.73 千克

弹容:6 发

有效射程:30 米

柯尔特特种侦探型转轮手枪

手枪元老

柯尔特特种侦探型转轮手枪于 1927 年诞生，它是警用转轮手枪的开山鼻祖。由于柯尔特特种侦探型转轮手枪的枪管短粗，特别像狮子的鼻子，所以人们又称其为"狮子鼻"。后来许多厂家也都生产这种枪管短粗的转轮手枪，并且也都叫"狮子鼻"，但柯尔特公司生产的特种侦探型转轮手枪是所有"狮子鼻"中的元老。

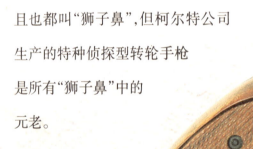

收藏价值

1933 年以前生产的柯尔特转轮型手枪有很大的收藏价值，因为它的握把底部为直角，而后期生产的柯尔特转轮型手枪则为圆角。

机密档案

型号:柯尔特特种侦探型

口径:9.65 毫米

枪长:175 毫米

枪重:0.67 千克

弹容:6 发

有效射程:30 米

几种型号

柯尔特特种侦探型转轮手枪在研制成功后经过了几次改型。1927年—1946年生产的为第一期型号,称为战前型,这期型号的扳机护圈为鹅卵形。1947年—1972年生产的为第二期型号,称为战后型,这期型号采用了标准化部件,因此具有较强的部件互换性。第三期型号从1973年开始生产,是特种侦探型转轮手枪的最后一个型号。

柯尔特 M1917 型转轮手枪

横空出世

　　20 世纪初,美军普遍装备 9.65 毫米口径的转轮手枪。但是由于 9.65 毫米口径的手枪威力明显不足,于是柯尔特公司于 1909 年推出了 11.43 毫米口径的 M1909 型手枪。在 1917 年,为了适应战争的需要,柯尔特公司将 M1909 型转轮手枪改进成 M1917 型转轮手枪。

24 REVOLVER BALL CARTRIDGES CAL .45 MODEL OF 1911 IN CLIPS
FOR DOUBLE ACTION REVOLVER CAL .45 MODEL OF 1917
MUZZLE VELOCITY 800 ± 28 FT. PER SEC.
SMOKELESS POWDER
Cartridge Lot No.
Manufactured by The Remington Arms Union Metallic Cartridge Company, Inc., Bridgeport, Conn.

子 弹

柯尔特 M1917 型转轮手枪使用的是 11.43 毫米 ACP 枪弹,该枪弹是一种无沿枪弹,需要使用一种特别的三发式弹匣才能装入手枪。

制式装备

　　柯尔特 M1917 型转轮手枪采用半月形弹匣、无底缘手枪弹,枪架与弹巢的间隙较大。在第一次世界大战期间及一战结束后一段较长的时间内,这款枪都是美、英等国的制式装备。

战斗手枪

　　柯尔特 M1917 型手枪是美国战斗手枪的一部分,它的使用有效填补了第一次世界大战期间美军武器的短缺。

型号:柯尔特 M1917 型

口径:11.43 毫米

枪长:323 毫米

枪重:1.14 千克

弹容:6 发

有效射程:40 米

柯尔特蟒蛇型转轮手枪

独特设计

柯尔特蟒蛇型转轮手枪有着非常精确的机械瞄准装置和流畅的扳机。在扳动扳机时,弹巢会自动闭锁,以便击锤能够敲击底火,而且弹巢和击锤之间的距离很短,这能最大限度地减少从扣动扳机到击锤撞击子弹的时间,同时也大大提高了射击精度和速度。

结构特征

柯尔特蟒蛇型转轮手枪是由不锈钢或者蓝色的碳素钢制成的。它采用标准柯尔特击发系统,片状准星和双动击发,操作平滑可靠。

制作工艺

柯尔特蟒蛇型转轮手枪制作工艺先进,体现了柯尔特公司的超高水平。该枪由不锈钢或蓝色碳素钢制成,沉甸甸的重量主要是为了适应发射大威力子弹,防止在开火时由于手枪重量过轻而使枪口颤动幅度过大,进而影响射击的精确度。

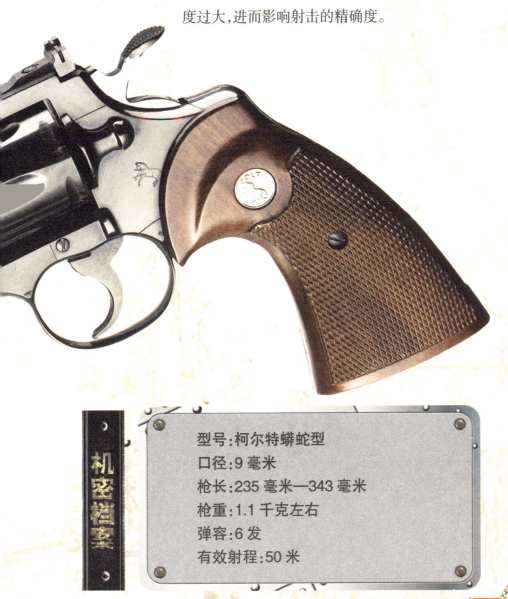

机密档案

型号:柯尔特蟒蛇型

口径:9 毫米

枪长:235 毫米—343 毫米

枪重:1.1 千克左右

弹容:6 发

有效射程:50 米

史密斯－韦森系列转轮手枪

制造精良

史密斯－韦森系列转轮手枪采用优良的抛光和镍表面涂层技术,自问世以来备受欢迎,而且在以枪战为题材的影片中经常出现,故而声名远扬。该系列转轮手枪使用 11 毫米马格南枪弹,子弹穿透力很强。

优 点

史密斯－韦森转轮手枪几乎已经成了精确、安全的代名词,它威力大,射击精度高,且容易操作。

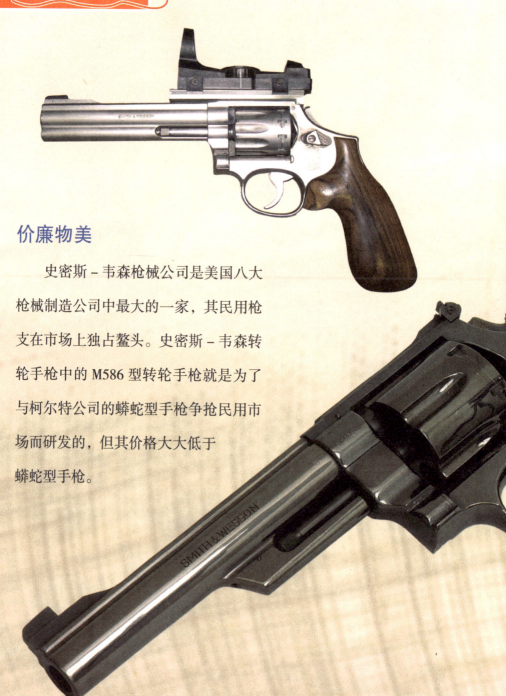

价廉物美

　　史密斯－韦森枪械公司是美国八大枪械制造公司中最大的一家，其民用枪支在市场上独占鳌头。史密斯－韦森转轮手枪中的 M586 型转轮手枪就是为了与柯尔特公司的蟒蛇型手枪争抢民用市场而研发的，但其价格大大低于蟒蛇型手枪。

机密档案

型号:史密斯－韦森 M586 型
口径:9 毫米
枪长:241 毫米
枪重:1.14 千克
弹容:6 发
有效射程:30 米

实用性

史密斯－韦森系列转轮手枪重量大,威力猛,耐用性好,可加装瞄准具,以提高射击精度。

史密斯－韦森双动转轮手枪

双动手枪

双动手枪相对于单动手枪来说是有很大进步的。双动手枪可以直接击发——在紧急时刻双动手枪可以快速地以双动轮的方式发射出第一颗子弹，为战斗争取宝贵的时间。

工作原理

史密斯－韦森双动转轮手枪能通过连续两次扣动扳机使击锤完成一次竖起和释放的过程而开火。另外该枪还可以在人工竖起击锤后，一次扣动扳机后释放开火。

型号:史密斯－韦森双动

口径:9 毫米

枪长:192 毫米

枪重:0.78 千克

弹容:7 发

有效射程:20 米

结构特点

　　史密斯－韦森双动转轮手枪有多种长度的枪管可供选择,长枪管型精度高,短枪管型便于携带。该枪在全钢枪身外侧配备塑料握把侧板,握持舒适。但史密斯－韦森双动转轮手枪的扳机力过大,很多射手都无法快速适应。

解密经典兵器

鲁格保安 6 型转轮手枪

出色的设计师

1943 年,《美国步枪手》杂志中报道了比尔·鲁格将萨维奇 M99 型杠杆枪机式步枪改造成导气式半自动步枪的消息,这是比尔·鲁格先生的名字首次见诸媒体。鲁格保安 6 型转轮手枪就是这位枪械大师的得意之作。

发展

除了鲁格保安 6 型转轮手枪外,鲁格公司还一直为警用手枪市场生产 9 毫米口径的枪支。今天,鲁格公司生产的手枪依然保持着传统的优良性能,在市场上声誉较高。

威力惊人

美国鲁格保安 6 型转轮手枪是一款威力十分强大的武器,而它的威力来源于它使用的杀伤力巨大的子弹。鲁格保安 6 型转轮手枪所选用的子弹都是对小汽车及一些轻结构的建筑物有穿透能力的。

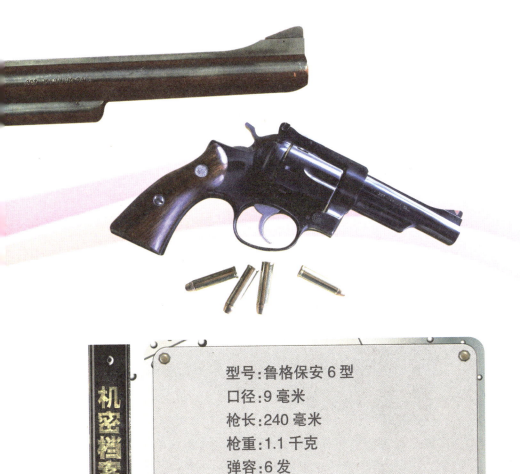

机密档案

型号:鲁格保安 6 型

口径:9 毫米

枪长:240 毫米

枪重:1.1 千克

弹容:6 发

有效射程:40 米

鲁格红鹰型转轮手枪

设计特点

鲁格红鹰型转轮手枪是 20 世纪 70 年代美国鲁格公司生产的首批双动转轮手枪。鲁格红鹰型转轮手枪的特点是配装短枪管，枪管长仅 64 毫米。因为其枪管较短，发射子弹时伴有相当大的枪口火焰。

鲁格红鹰型转轮手枪可安装比枪管还短的光学瞄准镜，以提高射击精度。鲁格红鹰型转轮手枪采用氯丁橡胶握把，使射手握持更加舒适。

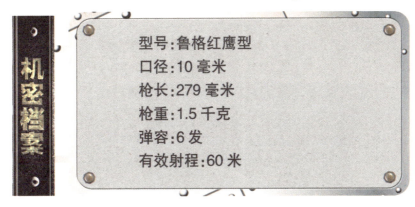

机密档案

型号:鲁格红鹰型

口径:10 毫米

枪长:279 毫米

枪重:1.5 千克

弹容:6 发

有效射程:60 米

超级红鹰型

超级红鹰型转轮手枪是鲁格公司在鲁格红鹰型转轮手枪的基础上研发的新产品,是鲁格红鹰型转轮手枪的发展版,是一款专门为了美国的猎人研发的转轮手枪,具有便于露营者携带的优点,且有足够的威力对付灰熊等凶猛的野兽。

柯尔特 M1911A1 型手枪

制式手枪

　　柯尔特 M1911A1 型手枪是美国著名的天才枪械设计师勃朗宁设计而成的。1911 年开始,美军把它定为制式手枪。柯尔特 M1911A1 型手枪在第一次世界大战、第二次世界大战、朝鲜战争和越南战争中都有极其出色的表现。

机密档案

型号:柯尔特 M1911A1 型

口径:11.43 毫米

枪长:219 毫米

枪重:1.13 千克

弹容:7 发

有效射程:35 米

忠诚卫士

　　柯尔特M1911A1型手枪的强大火力是其他手枪望尘莫及的,使用这种手枪能给射手带来强烈的安全感。该型手枪还采用了勃朗宁独创的枪管偏移式闭锁机构,具有极强的可靠性,被人们誉为"忠诚卫士"。

威力无比

　　柯尔特 M1911A1 型手枪作为世界名枪之一，其优秀的战斗力是世界公认的。而柯尔特 M1911A1 型手枪最为引人注目的是它超重的弹头，这种弹头所产生的威力是常规子弹远远不及的。

优　点

　　柯尔特 M1911A1 型手枪结构简单，零部件少，分解、组装起来都十分容易。该枪动作可靠，安全性好，故障率低。

鲁格 P-85 型手枪

结构特点

鲁格 P-85 型手枪选用枪机短程后坐式设计，枪管采用不锈钢材料制成，套筒经过黑色无光处理，弹匣为双排大容量并列式。该枪的瞄准装置上还涂有发光点，以方便在昏暗条件下使用。

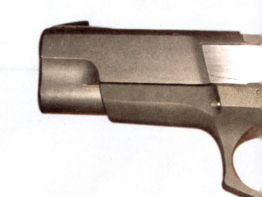

坚固耐用

鲁格 P-85 型手枪的套筒与不锈钢枪管的结合精度极佳。在手枪测试中，测试者使用该枪连续发射两万发子弹后，枪械受力件依然完好，同时结构内部的运动件也没有出现明显的磨损痕迹。

机密档案

型号:鲁格 P-85 型

口径:9 毫米

枪长:200 毫米

枪重:0.97 千克

弹容:15 发

有效射程:50 米

独特设计

鲁格 P-85 型手枪枪身两侧装有手动保险机柄,在保险状态下击针、击锤会被锁住,无法发射子弹,只有在解除保险后才能击发。该枪可以采用双动方式发射子弹,而且扳机护圈较大,可戴手套操作。

FP-45 型"解放者"手枪

设计意图

FP-45 型"解放者"手枪最初的设计意图是为抵抗力量在第二次世界大战的最后阶段提供大量的单发射击武器。它也被称为"信号枪",而"信号枪"这个名称是用来迷惑敌方情报机构的。

装配迅速

装配一把 FP-45 型"解放者"手枪的平均时间为 10 秒,这可能是有史以来装配手枪的最快速度。

机密档案

型号:FP-45 型"解放者"

口径:11.43 毫米

枪长:141 毫米

枪重:0.45 千克

弹容:1 发

有效射程:10 米

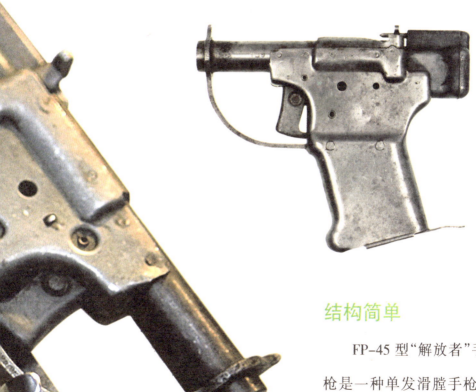

结构简单

FP-45 型"解放者"手枪是一种单发滑膛手枪。它结构简单,拆卸和组装简便。这款手枪的造价低廉,很适合大批量生产。

史密斯－韦森西格玛 9 毫米手枪

结构紧凑

史密斯－韦森公司出产的第一批袖珍型手枪体积并不小，但在结构上给人一种紧凑的感觉。设计人员将西格玛 9 毫米手枪的弹匣容量减少，并将弹匣底部挡板设计成平面，使其与握把底框齐平，还将枪管和套筒缩短。经过这些改进，西格玛手枪 9 毫米的外形尺寸达到了令人满意的效果。

握把设计

西格玛 9 毫米手枪的握把设计新颖而独特，握把在垂直方向上倾斜 18°，握持舒适，而且便于瞄准。

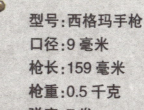

型号:西格玛手枪

口径:9 毫米

枪长:159 毫米

枪重:0.5 千克

弹容:7 发

有效射程:10 米

迎合市场

从市场的需求来看,普通市民需要的应该是一种易于隐藏的袖珍型手枪,要求它性能可靠,精度较高,人机工效好;而执法人员需要的应该是一种更加保险的备用枪。史密斯－韦森公司的西格玛 9 毫米手枪能同时满足这两种需求。

萨维奇 M1907 型手枪

设计特点

　　萨维奇 M1907 型手枪最独特的设计是当子弹发射后,枪机后退,抛壳窗打开抛出弹壳,随后弹匣内的子弹从抛壳窗上方装弹,弹仓直接装于握把内。该枪结构简单,零部件少,闭锁机构开启关闭简捷,没有螺丝或片簧等易松零件,握持舒服及重心位置适宜。

结构独特

　　萨维奇 M1907 型手枪具有独特的结构,其套筒后端乍一看像击锤的零件并非击锤,而是与套筒内的击针直接连接的击针待击件。

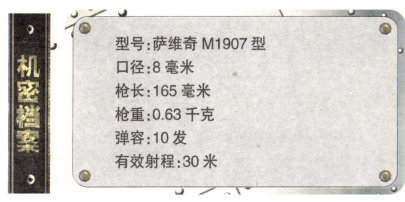

机密档案

型号:萨维奇 M1907 型

口径:8 毫米

枪长:165 毫米

枪重:0.63 千克

弹容:10 发

有效射程:30 米

崭新征程

　　萨维奇 M1907 型手枪是一款值得称道的手枪,结构合理、性能稳定是该枪最大的优点。虽然经历了落选之痛,但萨维奇公司找到了当时被切断了德国武器供应的葡萄牙军队,M1907 型手枪随后成为葡萄牙军队的正式武器。

卡利柯 M950 型冲锋手枪

引人注目

美国卡利柯公司生产的卡利柯 M950 型冲锋手枪是一款设计十分独特的手枪，最引人注目的设计便是它的供弹体系,50 发或 100 发的螺旋式弹匣被安装在枪的顶部，子弹纵向运动直到被推入枪膛。

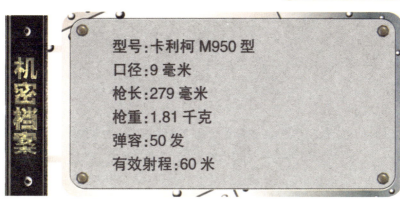

机密档案

型号:卡利柯 M950 型

口径:9 毫米

枪长:279 毫米

枪重:1.81 千克

弹容:50 发

有效射程:60 米

优点

卡利柯 M950 是一种体积小、全自动、火力猛、精度高、自卫及突击能力强的冲锋手枪,在数十米内能发挥相当大的威力,甚至可以执行冲锋枪的传统任务。

性能出色

卡利柯 M950 型冲锋手枪兼备自动手枪和冲锋枪的特点，火力覆盖能力虽不及传统冲锋枪，但明显高于手枪。该枪重量虽比手枪大，但单手射击也不会给射手造成太大的负担，可以说，卡利柯 M950 型冲锋手枪就是尺寸缩小了的"便携式冲锋枪"。

打击能力

卡利柯 M950 型冲锋手枪采用半自动方式射击的时候，最大有效射程可达 100 米，这大大提高了卡利柯 M950 型冲锋手枪的攻击能力。

第二章
德国大威力手枪

毛瑟"之"字形转轮手枪

独特之处

毛瑟"之"字形转轮手枪最具特色之处便是它的转轮机构。供弹轮上有一个"之"字形线槽，主弹簧上的一个凸钮被固定于线槽中，扣动扳机时主弹簧使凸钮沿着供弹轮上的线槽运动，这就使供弹轮旋转到下一发子弹，随之上膛以准备开火。

毛瑟"之"字形转轮手枪采用整体式框架设计，结构设置也很巧妙，所有的部件都结合紧密，整枪紧凑，性能稳定。

工作原理

　　毛瑟"之"字形转轮手枪的击锤处于待击状态时，销向前运动，拨动转轮转动六分之一圈。击发后，这个销便沿着阴线退回枪尾。线槽的位置与形状保证了每一发子弹都能准确被击发。

机密档案

型号:毛瑟"之"字形
口径:7.6 毫米 /9 毫米 /10.6 毫米
枪长:298 毫米
枪重:1.19 千克
弹容:6 发
有效射程:30 米

伯格曼 M1896 型自动手枪

研制历史

西奥多·伯格曼是探索、研制自动手枪的先锋之一。1892 年,他在德国申请了一种关于后膛闭锁自动装弹手枪的设计专利。1893 年,他研制出了伯格曼 M1893 型自动手枪,经过几次改进, 又推出了伯格曼 M1896 型自动手枪。

独特的弹匣

伯格曼 M1896 型手枪的弹匣就是枪管下方的"大肚子",将弹匣盖向下旋转打开,就可以为手枪装填子弹。

机密档案

型号:伯格曼 M1896 型

口径:7.63 毫米

枪长:245 毫米

枪重:1.13 千克

弹容:5 发

有效射程:30 米

独特设计

伯格曼 M1896 型自动手枪有独特的供弹机构。装弹时,扳住扳机前的挡板,并通过弹匣上附加的平板装入子弹。其次是它独特的抛壳方式。早期生产的型号没有抽壳钩和抛壳挺,因此性能很不可靠,后期生产的型号均设有抽壳钩,并使用了底缘式枪弹。

瓦尔特PPK型半自动手枪

间谍的首选

德国瓦尔特PPK型半自动手枪是真正的警用手枪，由德国卡尔·瓦尔特武器制造厂制造生产，可用于杀伤近距离的有生目标。瓦尔特PPK型半自动手枪问世后，很快成为多个国家谍报人员的首选用枪。

你知道吗

瓦尔特PPK型手枪是一款小巧玲珑、反应迅速、威力适中的自动手枪。该枪火力虽比不了大口径手枪，但绝对有超过同类型手枪的实力。

引导潮流

瓦尔特PPK型半自动手枪的经典设计引导了第二次世界大战以后世界手枪的设计潮流,对第二次世界大战后的德国乃至世界的手枪设计都产生了极大的影响。

机密档案

型号:瓦尔特PPK型
口径:7.65 毫米
枪长:148 毫米
枪重:0.59 千克
弹容:7 发
有效射程:30 米

瓦尔特 P99 型手枪

里程碑意义

　　瓦尔特 P99 型手枪是瓦尔特公司于 1996 年开始研制，1999 年开始生产的手枪。该枪是瓦尔特公司第一种采用无击锤式击发机构的手枪，设计人员将创新性思维和先进的技术融入该枪的设计中。可以说，瓦尔特 P99 型手枪是瓦尔特公司的里程碑式枪支。

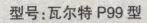

型号:瓦尔特 P99 型

口径:9 毫米

枪长:180 毫米

枪重:0.7 千克

弹容:16 发

有效射程:50 米

人性化设计

　　瓦尔特 P99 型手枪的枪身采用聚合玻璃纤维制造,其强度与耐磨性均高于钢材,而且成本低廉,容易制造,不变形,重量轻。另外,瓦尔特 P99 型手枪的握把部分,有三种尺寸可供选择,可满足手掌大小不同的使用者,这是一项极为人性化的设计。

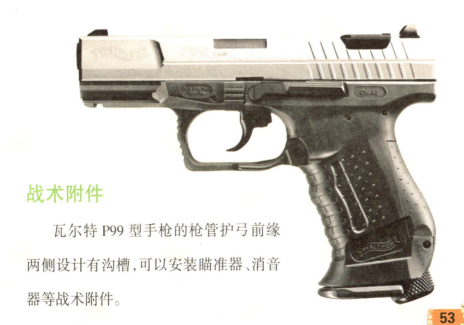

战术附件

　　瓦尔特 P99 型手枪的枪管护弓前缘两侧设计有沟槽,可以安装瞄准器、消音器等战术附件。

瓦尔特 P38 型手枪

二战宠儿

在第二次世界大战期间，瓦尔特 P38 型手枪的生产量大约为 100 万支，它在实战中发挥了巨大的威力。在同时期的手枪型号中，瓦尔特 P38 型手枪以火力猛烈、动作可靠、准确性高赢得了广泛的赞誉。

衍生型号

第二次世界大战后，瓦尔特公司在 P38 型手枪的基础上稍加改进，并减轻了枪的重量，生产出了 P1 型手枪。

设计特点

瓦尔特 P38 型手枪是一种双重制动的武器：在装上弹药、竖起击锤后，可以再松下击锤；在任何时候，都可以迅速地扣动扳机打出膛内的子弹。在紧急情况下，迅速开火比瞄准更重要，该枪仅需扣动扳机就可以完成竖起击锤和射出子弹这一系列射击动作。

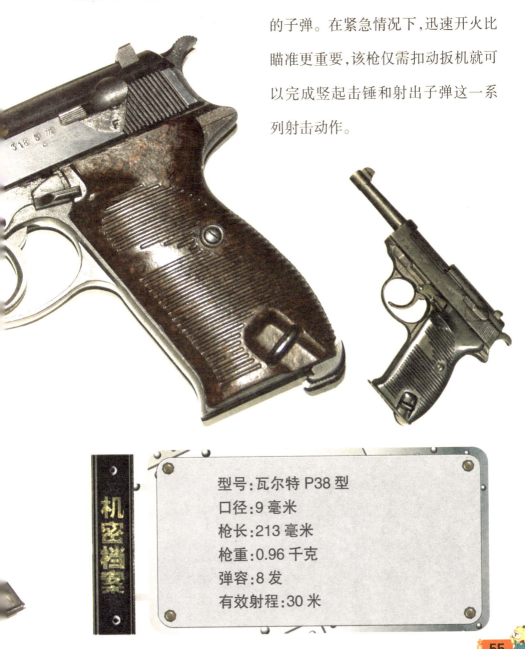

机密档案

型号:瓦尔特 P38 型

口径:9 毫米

枪长:213 毫米

枪重:0.96 千克

弹容:8 发

有效射程:30 米

瓦尔特 P5 型手枪

青出于蓝

1979 年,德国军队开始换装具有现代化保险装置的手枪,瓦尔特的工程师便决定以第二次世界大战期间的著名枪支——瓦尔特 P38 型手枪为基础设计新型手枪,瓦尔特 P5 型手枪由此诞生。

结构特点

瓦尔特 P5 型手枪与它的"前辈" P38 型手枪比起来,枪管更短,而套筒更长。外露击锤边缘经过钝化处理,防止使用者在出枪时击锤边缘钩住衣服。

机密档案

型号:瓦尔特 P5 型

口径:9 毫米

枪长:79 毫米

枪重:0.78 千克

弹容:8 发

有效射程:40 米

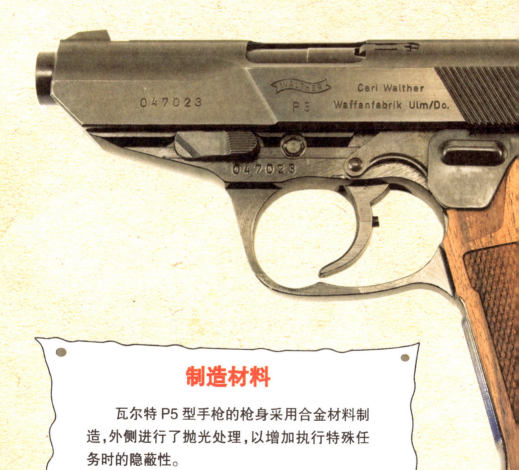

制造材料

　　瓦尔特 P5 型手枪的枪身采用合金材料制造,外侧进行了抛光处理,以增加执行特殊任务时的隐蔽性。

安全可靠

瓦尔特 P5 型手枪在释放击锤之前,击针与击锤不对正,如果击锤不由扣动扳机释放,即便是击锤打向击针,击针也不会移动。只有当套筒复进到位,枪管闭锁,扳机完全到位才能进行射击。这样的设计可以避免手枪在意外跌落或偶然失手时走火。

毛瑟 C96 型手枪

发展历程

    1897 年 8 月 20 日，威廉二世观看了毛瑟 C96 型手枪的实弹射击表演。在表演结束后，拥有毛瑟集团大部分股票的洛斯公司董事会认

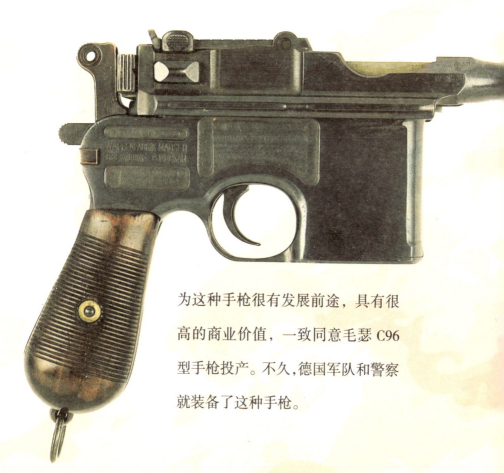

为这种手枪很有发展前途，具有很高的商业价值，一致同意毛瑟 C96 型手枪投产。不久，德国军队和警察就装备了这种手枪。

设计者

　　毛瑟 C96 型手枪的设计者是德国毛瑟兵工厂的菲德勒三兄弟。毛瑟看出了这款手枪的出色性能，为该枪申请了专利，并开始生产。

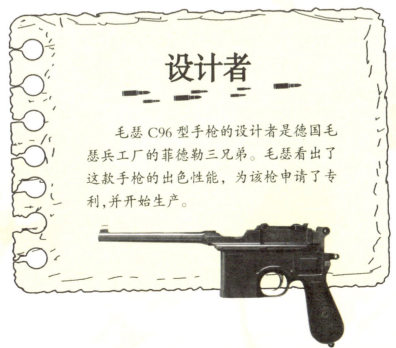

制作工艺

　　毛瑟 C96 型手枪的样子并不出众，但它的制作工艺却令人惊奇。整支毛瑟 C96 型手枪没有使用一个螺丝或插销，但所有零件都严丝合缝，这样的制作技术，即使是现代手枪也是难以匹敌的。

型号：毛瑟 C96 型

口径：7.63 毫米

枪长：288 毫米

枪重：1.24 千克

弹容：6 发 /10 发 /20 发

有效射程：50 米—100 米

独特之处

　　毛瑟 C96 型手枪最独特的地方就是倒装在握柄后的枪匣。这样独特的结构可以使毛瑟 C96 型手枪顷刻间变为一支冲锋枪，成为肩射武器。

HK P9 型手枪

特殊设计

　　HK P9 型手枪采用滚柱式闭锁方式,手枪的枪管内壁有多边形膛线, 这种膛线可减小弹丸在嵌入线膛时的变形量, 消耗能量也较少, 同时还可以提高初速。因其独特的设计和稳定的性能,HK P9 型手枪也可作为比赛用枪。

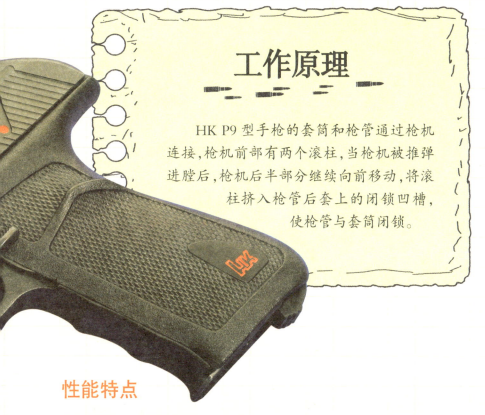

工作原理

HK P9 型手枪的套筒和枪管通过枪机连接，枪机前部有两个滚柱，当枪机被推弹进膛后，枪机后半部分继续向前移动，将滚柱挤入枪管后套上的闭锁凹槽，使枪管与套筒闭锁。

性能特点

HK P9 型手枪是一种自动装填手枪。该枪性能优越，可靠性高，握把片以外的枪身由塑胶材料制成，这在手枪制造领域是首创。

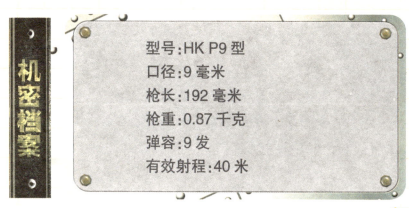

机密档案

型号:HK P9 型
口径:9 毫米
枪长:192 毫米
枪重:0.87 千克
弹容:9 发
有效射程:40 米

鲁格 P08 型手枪

设计特点

鲁格 P08 型手枪最独特的设计之处就是参考了马尔沁重机枪及温彻斯特杠杆式步枪的工作原理，采用了肘节式闭锁机构。这种结构与人类的手肘相似，伸直时，可以抵抗强大的力量。

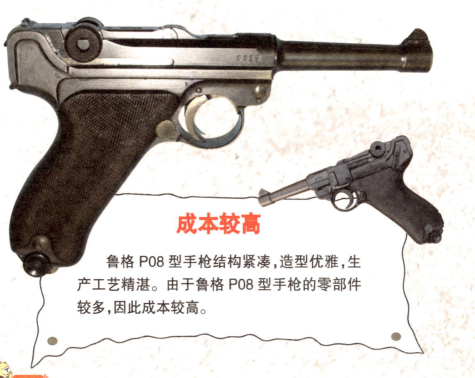

成本较高

鲁格 P08 型手枪结构紧凑，造型优雅，生产工艺精湛。由于鲁格 P08 型手枪的零部件较多，因此成本较高。

型号:鲁格 P08 型
口径:9 毫米
枪长:222 毫米
枪重:0.85 千克
弹容:8 发
有效射程:30 米

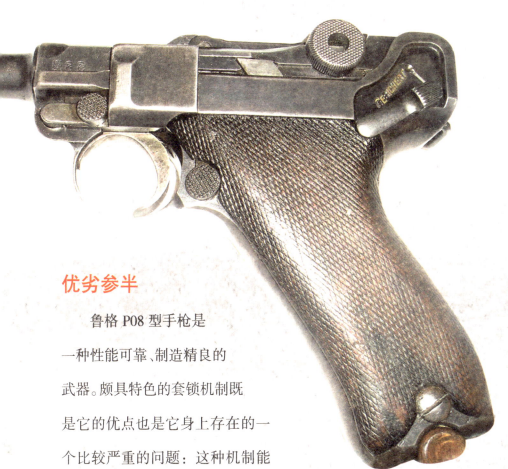

优劣参半

　　鲁格 P08 型手枪是一种性能可靠、制造精良的武器。颇具特色的套锁机制既是它的优点也是它身上存在的一个比较严重的问题：这种机制能明显提升该枪性能，但问题是不便于保养和清洁。

HK USP 系列手枪

品质精良

HK USP 系列手枪枪身材料是特殊的玻璃纤维塑料,枪上部设有卡槽,便于安装光学瞄准镜。HK USP 系列手枪各方面性能均衡,价格便宜,精度和射速都比较高,静止时射击的密集度与"沙漠之鹰"手枪不分上下。

你知道吗

?

HK USP 系列手枪首创了护弓前缘多用途沟槽,可加挂专用的镭射标定瞄准器或强光手电筒,这使该枪成为第一把拥有完整配件并能执行反恐与特种任务的枪。

机密档案

型号:HK USP 型
口径:9 毫米
枪长:194 毫米
枪重:0.78 千克
弹容:12 发 /13 发 /15 发
有效射程:50 米

独具风格

　　HK USP 系列手枪的复进簧组件颇具特色。在复进簧内装有专门设计的后坐缓冲系统。该系统主要为一短弹簧,射击后枪管后坐通过突榫作用于短弹簧,使初始后坐力受到抑制。这既降低了零部件间的冲击力,又减小了射手的可感后坐力。

更胜一筹

　　HK USP 系列手枪虽然是一种大威力手枪,但与"沙漠之鹰"手枪相比,它重量更轻,射击后坐力更小,同时反应更加迅速。

HK MK23 型手枪

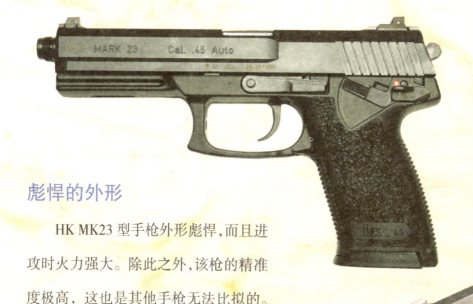

彪悍的外形

HK MK23 型手枪外形彪悍，而且进攻时火力强大。除此之外，该枪的精准度极高，这也是其他手枪无法比拟的。HK MK23 型手枪还拥有外挂装备，可以安装镭射标定器或强光手电筒。

性能优良

HK MK23 型手枪性能优良，即使在恶劣的环境中也有特别高的耐用性、防水性和耐腐蚀性。

机密档案

型号:HK MK23 型

口径:11.43 毫米

枪长:244 毫米

枪重:1.1 千克

弹容:10 发 /12 发

有效射程:50 米

设计特点

HK MK23 型手枪的枪管是特制的,以增加准确性和耐用性。枪口外缘刻有螺纹,可直接安上消声器执行特殊任务。握把前后有许多小突起,可以防止手掌出汗引起的滑动。枪身的两边都设有手动保险和弹匣卡榫,左右手皆可轻松完成操作。

HK P7 系列手枪

设计新颖

　　HK P7 系列手枪在握把的前端增加了一个新颖的待击握把保险片，一旦出现"瞎火"，可用力握保险片，哑弹便会弹出枪膛，下一发子弹自动进入膛内。HK P7 系列手枪的这一设计省去了拉套筒退弹的步骤，节省了排除故障的时间。

神勇战士
—— 大威力手枪

机密档案

型号:HK P7 型

口径:9 毫米

枪长:171 毫米

枪重:0.8 千克

弹容:13 发

有效射程:50 米

独特之处

HK P7 系列手枪以独特的导气式延迟开锁装置和握把保险设计而闻名世界。

独树一帜

与大多数的单动 / 双动自动手枪明显不同，HK P7 系列手枪完全突破了传统手枪的结构设计模式，设计风格独树一帜。

品质优越

HK P7 系列手枪独特的设计延迟了套筒的后坐，从而减轻了后坐所产生的震动，使整个枪体在工作时更加平稳。该枪的安全性能比较完善，在弹膛内有子弹的情况下，使用者携带该枪也十分安全；而在需要快速出枪时，使用者可以立即解除保险进行射击。

第三章
意大利大威力手枪

伯莱塔 92SB 型手枪

设计特点

　　伯莱塔 92SB 型手枪是伯莱塔 92S 型手枪的改进型。基于人体工程学的考虑，它主要有两项改进：一是把握把尾部的弹匣卡榫移至扳机护圈后部；二是采用了新的击针保险，该枪只有在扣动扳机时才能释放击针，避免了意外走火，进一步提高了安全性。

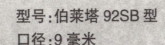

机密档案

型号:伯莱塔 92SB 型

口径:9 毫米

枪长:197 毫米

枪重:0.98 千克

弹容:13 发

有效射程:40 米

名声大震

20 世纪 80 年代,伯莱塔 92SB 型手枪获得了美国军队的青睐,从而取代了 M1911 型手枪,成为美国军人的随身武器。伯莱塔 92SB 型手枪从此声名大震。为了成为美国军队的制式武器,伯莱塔 92SB 型手枪不断进行改进。

改进型号

伯莱塔 92SB 型手枪在美军服役时,已经拥有了灵巧的保险装置、弹匣卡榫和待机状态等功能。此后,为了满足美国军方的要求,伯莱塔 92SB 型手枪进一步改进成伯莱塔 92F 型。

伯莱塔 92F 型手枪

独特优势

伯莱塔 92F 型手枪射击精度高并且便于维修，故障率低。据试验，伯莱塔 92F 型手枪在风沙、尘土、泥浆等恶劣战斗条件下适应性强，其枪管的使用寿命高达 10 000 发。

机密档案

型号:伯莱塔 92F 型

口径:9 毫米

枪长:217 毫米

枪重:0.96 千克

弹容:15 发

有效射程:50 米

结构特点

　　伯莱塔 92F 型手枪采用塑料握把片，弹膛有弹指示器和用于野战快速分解的卡榫，准星与缺口照门涂有荧光点。

　　伯莱塔 92F 型手枪结构设计新颖、紧凑,由双排弹匣供弹,其保险机构包括手动保险、击针自动保险、阻隔保险、不到位保险等,功能完善,使用安全。

伯莱塔 M93R 型手枪

市场畅销

意大利伯莱塔 M93R 型手枪有加长的枪管、可折叠的前握把、比 92F 型容弹量更大的弹匣，此外还具有自动和点射功能。伯莱塔

M93R 型手枪是目前世界武器市场上最畅销的自动手枪之一。

性能优越

伯莱塔 M93R 型手枪的可折叠小握把设计，使射击者可以实施腰际夹持射击或抵肩射击，从而有效地控制手枪连发射击时的枪口跳动，保证射击精度。

机密档案

型号:伯莱塔 M93R 型
口径:9 毫米
枪长:240 毫米
枪重:1.12 千克
弹容:15 发
有效射程:40 米

枪口设计

伯莱塔 M93R 型手枪枪口设计独特,枪管比套筒长很多,而且枪管上有凹槽,可安装枪口消焰器等附件,综合作战能力较强。

伯莱塔 M1934 型手枪

研制背景

  第二次世界大战前夕,意大利在军用装备生产量不足的情况下，决定研发零部件较少、性能稳定的新型手枪。伯莱塔公司根据这一要求推出了 M1934 型手枪。该枪是在 M1932 型手枪的基础上改进而成的,后来成为意大利国内执法机构的制式手枪。

机密档案

型号:伯莱塔 M1934 型
口径:9 毫米
枪长:149 毫米
枪重:0.66 千克
弹容:7 发
有效射程:25 米

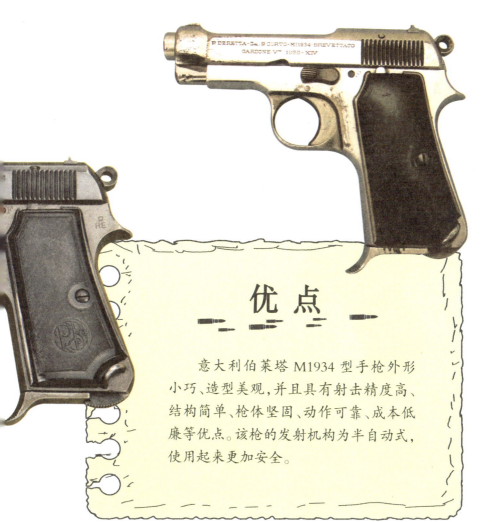

优 点

　　意大利伯莱塔 M1934 型手枪外形小巧、造型美观,并且具有射击精度高、结构简单、枪体坚固、动作可靠、成本低廉等优点。该枪的发射机构为半自动式,使用起来更加安全。

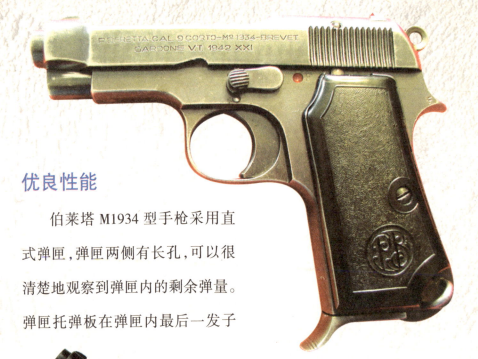

优良性能

　　伯莱塔 M1934 型手枪采用直式弹匣,弹匣两侧有长孔,可以很清楚地观察到弹匣内的剩余弹量。弹匣托弹板在弹匣内最后一发子弹发射后抬起,起阻止套筒前进的作用。瞄准具准星为片状,照门为 U 形缺口式,保证瞄准的精确性。

使用枪弹

　　伯莱塔 M1934 型手枪使用的 9 毫米柯尔特自动手枪短弹,弹壳比一般的 9 毫米手枪子弹短。

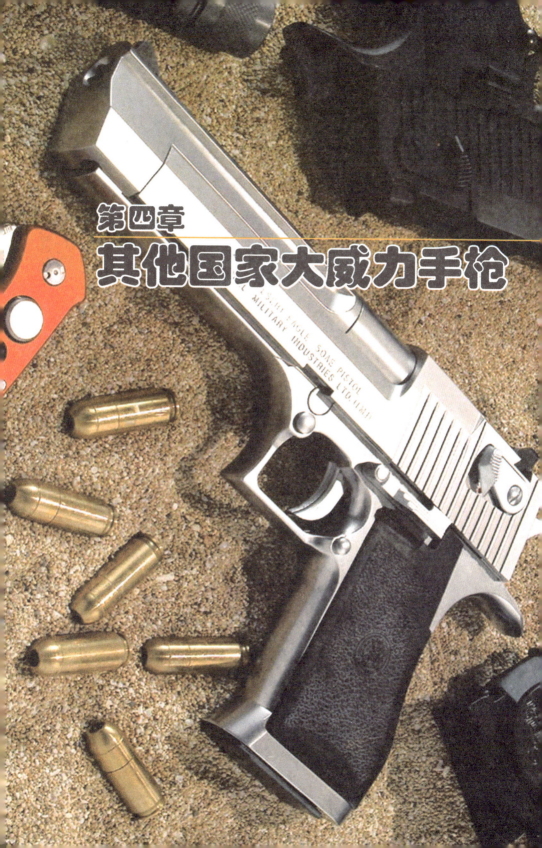

第四章
其他国家大威力手枪

英国 韦伯利 MK6 型转轮手枪

研发背景

第二次世界大战中，英国及英联邦国家使用的都是韦伯利 11.56 毫米口径转轮手枪和韦伯利 9.65 毫米口径转轮手枪，但是这两款枪都不能令英军满意，所以韦伯利－斯科特公司便开始研制 11.56 毫米口径的半自动手枪。

你知道吗

韦伯利 MK6 型转轮手枪的握把为带有滚花的胶木衬板的矩形握把，表面经过氧化处理，耐腐蚀性很强。

威力十足

英国的韦伯利MK6型转轮手枪短小精悍，可以在恶劣的环境下使用，其耐久性值得称道。韦伯利MK6型转轮手枪威力十足，装备的星形退壳器可以自动清除转轮中的弹壳。该枪在当时是很多人都渴望拥有的武器。

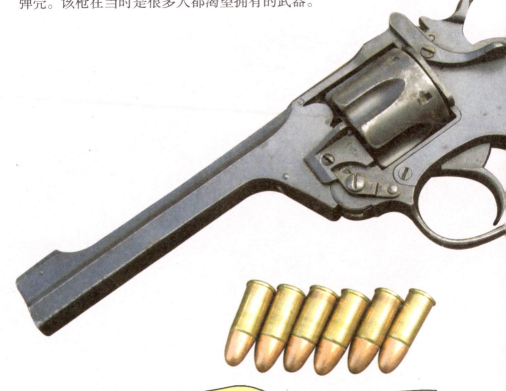

扳机力大

韦伯利MK6型转轮手枪在双动发射时扳机力特别大，只有强壮的射手才能很好地操控。

机密档案

型号:韦伯利 MK6 型

口径:11.56 毫米

枪长:285 毫米

枪重:1.07 千克

弹容:6 发

有效射程:30 米

法国 曼哈尔因 MR73 型转轮手枪

转轮手枪

　　法国曼哈尔因 MR73 型转轮手枪整体质量较高，是一种在口径与枪管长度上都可以调整以适应不同射击要求的通用转轮手枪，因而能够满足私人和军队的不同使用需要。

使用方便

　　曼哈尔因 MR73 型转轮手枪可以把 9.6 毫米的特别供弹轮更换为 9 毫米的帕拉贝鲁姆供弹轮，这使得它比一般的转轮手枪具有更强的适用性。

机密档案

型号:曼哈尔因 MR73 型

口径:9 毫米

枪长:195 毫米

枪重:0.88 千克

弹容:6 发

有效射程:由弹药种类决定

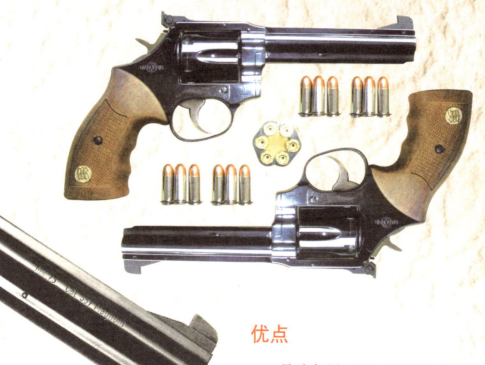

优点

　　曼哈尔因 MR73 型转轮手枪的枪管是冷锻而成,质量极好。该枪攻击力强,射击准确性很高。

俄罗斯 纳甘 M1895 型
转轮手枪

主要特点

纳甘 M1895 型转轮手枪的主要特点是采用气封式转轮，发射子弹时转轮与枪管后端闭锁，防止火药泄漏。

综合性能

纳甘 M1895 型转轮手枪虽发射速率较慢、威力不足，但该枪因性能可靠、结实耐用，得到俄国军警的一致好评。

机密档案

型号:纳甘 M1895 型

口径:7.62 毫米

枪长:203 毫米

枪重:0.89 千克

弹容:7 发

有效射程:30 米

独特设计

纳甘 M1895 型转轮手枪完全根除了绝大多数转轮手枪存在的供弹轮与枪管之间气压损失的缺点。当击锤竖起时,供弹轮被推向锥形枪管的末端,这样就可以在子弹的长度范围内控制子弹,使子弹在开火时获得全部压力以进入枪管。

奥地利 格洛克系列手枪

广泛应用

创立于 1963 年的奥地利格洛克有限公司,坐落于奥地利的瓦格拉姆布。该公司生产的格洛克系列手枪投放市场还不足 20 年，就已经成为 40 多个国家的军队和警察的制式配枪。

创新设计

从 1997 年开始,格洛克手枪融入了一些创新设计,例如在套筒下设计了导轨,用以安装瞄准具和战术灯等战术附件。

人性化设计

格洛克系列手枪采用轻量化设计、弧线形握把等,这都体现了格洛克时刻强调的对使用者负责的宗旨。

枪身材料

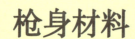

　　格洛克系列手枪整个枪身大部分是由工程塑料整体注塑成型的，只在一些关键部分才用钢材做加固增强处理，这样不但降低了生产成本，而且与其他零件的整体结合精度也大大提高。

机密档案

型号:格洛克 20 型
口径:10 毫米
枪长:193 毫米
枪重:0.78 千克
弹容:15 发
有效射程:40 米

独特设计

格洛克系列手枪在生产中严格采用先进的工艺，零部件允许的误差非常小。曾有技术人员将 20 把格洛克系列手枪完全分解后的零件摆出来，由在场的一个观众随便挑选零件重新组合成一把枪，然后用这把枪当场射击了 2 万发子弹，整个过程一切顺利。

奥地利 格洛克 17 型半自动手枪

研制背景

格洛克 17 型半自动手枪于 1980 年开始研制，1983 年成为奥地利陆军的制式手枪，用以取代装备已久的瓦尔特 P38 型手枪，并被奥地利军方命名为 P80 型手枪。20 世纪 90 年代开始，各国的枪械制造公司纷纷模仿该枪的设计。

单手操作

格洛克 17 型半自动手枪的弹匣卡榫、挂机解脱柄都设置在枪身左侧,这样的设计比较合理,方便射手单手操作。

保险机构

格洛克 17 型半自动手枪的保险机构很先进,枪的套座和套筒上没有常规的手动保险机柄,射击前不必专门打开保险,有利于快速射击。

精心设计

格洛克17型半自动手枪外形简单，其握把和枪管轴线的夹角极大，这样的设计在实战中非常实用，既便于携带，又能在遭遇战中快速瞄准射击。格洛克17型半自动手枪还采用了双扳机设计，手枪的扳机力还可以调整。

与众不同

格洛克17型半自动手枪的重量很轻，是当今世界上采用塑料部件最多的手枪，这使得该手枪的造价更为低廉，手感也很好。

机密档案

型号:格洛克 17 型

口径:9 毫米

枪长:204 毫米

枪重:0.62 千克

弹容:17 发

有效射程:40 米

比利时 勃朗宁 M1900 型手枪

枪体结构

勃朗宁 M1900 型手枪是由枪管、套筒、握把和弹匣组成的。其枪管内有 6 条膛线，导程约 230 毫米。该枪最具代表性的就是其套筒结构，它是世界上第一支有套筒的自动手枪。

机密档案

型号:勃朗宁 M1900 型

口径:7.65 毫米

枪长:162.5 毫米

枪重:0.62 千克

弹容:7 发

有效射程:30 米

自动过程

勃朗宁 M1900 型手枪是世界上第一款采用自由枪机式自动方式的手枪。该枪在击发后,火药燃气推动弹头向前运动,同时也推动套筒向后运动,完成抽壳、抛壳等一系列动作,并压缩复进簧。

勃朗宁 M1900 型手枪套筒前端设有准星,后端有"V"形缺口照门。套筒前部有平行的上下两孔,上孔容纳复进簧,下孔容纳枪管,击针等部件在套筒后部。

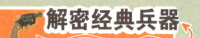

以色列"沙漠之鹰"手枪

结构特点

"沙漠之鹰"手枪采用导气式工作原理，枪管采用回转式闭锁方式。该枪的枪管是固定的，枪管顶部有瞄准镜安装导轨，握把由硬橡胶制成。

你知道吗

"沙漠之鹰"手枪比普通手枪重得多也大得多，手小的射手根本不能单手握枪射击，由于该枪太重，即使双手握枪也很难长时间保持射击姿势。

"沙漠风暴"

"沙漠之鹰"手枪第一次在德国亮相时凭借绚丽的外形和强大的杀伤力被称为"沙漠风暴"。"沙漠之鹰"手枪具有非常强悍的攻击力量，这是任何小巧玲珑的战斗手枪都无法企及的，而且超强的攻击能力也不是任何人都能轻易驾驭的。

"沙漠之鹰"手枪可以使用各种大威力枪弹，杀伤力堪比小口径步枪，有效射程200米，为手枪之冠。

枪管特点

　　"沙漠之鹰"手枪的枪管是精锻而成的,具有很高的强度,结实耐用,而且有多种长度的枪管可供选择。

机密档案

型号:"沙漠之鹰"

口径:12.7 毫米

枪长:270 毫米

枪重:1.99 千克

弹容:7 发

有效射程:200 米

奥地利 施泰尔战术冲锋手枪

结构特点

　　施泰尔战术冲锋手枪结构简单,全枪只有 41 个零件,并且广泛采用塑料零件。拉机柄设在表尺座的下面,向后拉便可使枪待击。施泰尔战术冲锋手枪采用机械瞄准具,机械瞄准具由片状准星和缺口式照门表尺组成。

机密档案

型号:施泰尔战术冲锋手枪

口径:9 毫米

枪长:282 毫米

枪重:1.3 千克

弹容:15 发 /30 发

有效射程:60 米

多功能武器

施泰尔战术冲锋手枪是一支可单手发射、兼有冲锋枪和手枪双重功能的武器。其用途主要是杀伤近距离有生目标。

射击方式

施泰尔战术冲锋手枪利用双动扳机选择单、连发射击方式,当扳机位于第一个作用点时为单发,继续扣压扳机通过单发点后即为连发射击。

图书在版编目(CIP)数据

神勇战士：大威力手枪／崔钟雷主编. -- 长春：
吉林美术出版社，2013.9（2022.9重印）
（解密经典兵器）
ISBN 978-7-5386-7894-9

Ⅰ. ①神… Ⅱ. ①崔… Ⅲ. ①手枪 –世界 – 儿童读物
Ⅳ. ①E922.11-49

中国版本图书馆 CIP 数据核字（2013）第 225146 号

神勇战士：大威力手枪
SHENYONG ZHANSHI: DA WEILI SHOUQIANG

主　　编	崔钟雷
副 主 编	王丽萍　张文光　翟羽朦
出 版 人	赵国强
责任编辑	栾　云
开　　本	889mm × 1194mm　1/16
字　　数	100 千字
印　　张	7
版　　次	2013 年 9 月第 1 版
印　　次	2022 年 9 月第 3 次印刷

出版发行	吉林美术出版社
地　　址	长春市净月开发区福祉大路5788号
	邮编：130118
网　　址	www.jlmspress.com
印　　刷	北京一鑫印务有限责任公司

ISBN 978-7-5386-7894-9　　定价：38.00 元